小嶋老师的芝士蛋糕

◆

一定要拥有的烘烤与免烤芝士蛋糕配方

（日）小嶋留味 著

榕倍 译 爱整蛋糕滴欢 审校

辽宁科学技术出版社

·沈阳·

几乎都只需混拌！试着重新检视混拌方法吧

本书中的蛋糕全部都是用奶油奶酪制成的。

首先，检视站立的位置、姿态、持握方法。

料理盆放在惯用手的一侧，使惯用手的手腕可动范围变大，能够以均等速度顺利混拌料理盆内的材料。

小嶋留味

东京小金井市"Oven Mitten"的主厨店主。1987年开店后，经历与先生小嶋晃主厨的餐厅，共同营运的店铺，并在小金井市立森美术馆附设咖啡厅，直至现在成为咖啡厅、蛋糕店合并糕点教室的复合式营运场所。追求"巧妙运用自然食材糕点的美味"。重视口感与入口即化的"Mitten法"糕点制作技巧，以奶油泡芙为首的各式糕点，受到各家电视、报纸杂志介绍推荐，人气超高。糕点教室的课程，也不吝惜传授这些技巧，不仅在日本国内拥有众多学生，更有许多海外学生前来求教，也有很多料理专家加入。著有《小嶋老师的蛋糕教室》《小嶋老师的美味曲奇的搅拌法》等图书。

站在稍远离料理台的位置，收紧手臂。能够用均匀的力道混拌料理盆中的全部材料。不是用肚子支撑料理盆。

低握打蛋器，一旦握住钢圈和握柄接合处，就能施加压力。混拌至料理盆底部，即可以较少的搅拌次数，消除混拌不均匀。

日文版图书工作人员

设　　计：中村善郎 / Yen	糕点助手：叶汶蓉	校　　阅：田中美穗
摄　　影：邑口京一郎	鸭井幸子	编　　辑：水奈
造　　型：久保原惠理	片石理菜	浅井香织
	佐佐木八汐	（文化出版局）

再者，硬度与开始制作时奶油奶酪的温度有关，混拌方法不同，则口感不同。

本书中有两种方法。

1 略硬：用低温的奶油奶酪开始制作，充分混拌，使其饱含空气

→ 蓬松入口即化般松软

制作出松软口感的混拌方法

使奶油奶酪的温度控制在 16 ～ 18℃。可以在感觉到冰冷，用手指按压时仍有阻力的状态下开始制作，通过充分的数次混拌，自然恰到好处地饱含空气。具有黏稠性的材料，也容易饱含空气。如此烘焙时，就能呈现浓郁中带有松软的轻盈口感了。同时，空气也易于融入。这种状态经过烤制后，浓厚的口感中又添加了淡淡的轻盈感。

用橡胶刮刀混拌至奶油奶酪均匀后，添加细砂糖使其融合。待2～4分钟后砂糖溶解，变得松散，就会变得容易混拌了。

※短握橡胶刮刀，如按压般摩擦混拌。

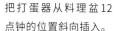

把打蛋器从料理盆12点钟的位置斜向插入。

迅速沿着料理盆划至6点半至7点钟位置。

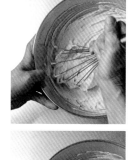

像仿佛划在奶油奶酪表面般轻巧地回到12点钟的位置。

※此时不施力地拉起打蛋器，不在奶油奶酪上留痕迹。

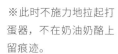

节奏轻巧地混拌10次后，使料理盆转动45°，重复进行。添加鸡蛋等材料融合后,进行混拌。

2 柔软：用温热的奶油奶酪开始制作，
缓慢混拌，避免拌入空气

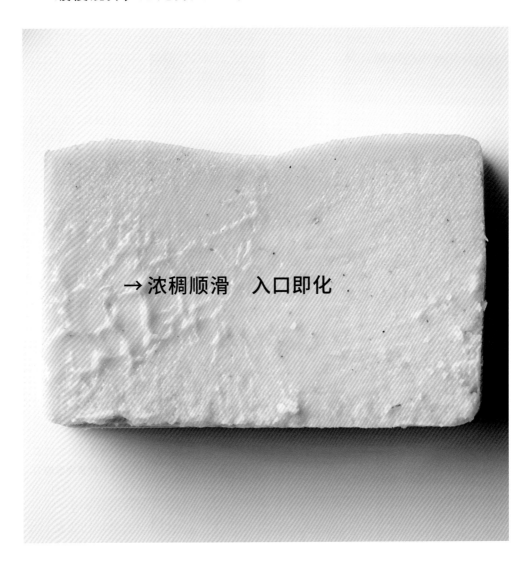

→浓稠顺滑　入口即化

制作出顺滑口感的混拌方法

使奶油奶酪的温度控制在 25～45℃（因食谱不同，温度不同）。其他的材料易于融入，能以较少的混拌次数完成，并且不会混入空气。缓慢且打蛋器在料理盆底部及侧面牢牢留下痕迹地施以压力，均匀混拌。因材料温度较高，也能较快完成烘焙，获得半熟、紧实顺滑的口感。

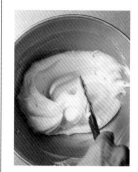

用橡胶刮刀将细砂糖混拌至溶化。糖分解后产生光泽。

低持打蛋器，将食指置于钢圈上，施以压力，使 3～4 个钢圈抵住料理盆底部进行混拌。

以施压的状态在料理盆中大动作缓缓混拌。因接触到料理盆的钢圈较多，能有效地充分混拌。
※ 对于打蛋器内若粘上的奶油奶酪，可将打蛋器垂直轻轻敲在料理盆底部使其掉落。

以 1 秒混拌 1 次的节奏，将材料混拌至完全均匀，再放入之后的材料，同样可以避免空气混入，有效地以较少次数拌匀，制作出顺滑口感。

一点点的"不同"，形成感动滋味的理由

若有奶油奶酪、砂糖、鸡蛋，再加上淡奶油和少量粉类，就能制作出芝士蛋糕。本书的芝士蛋糕也是由简单的材料制作而成的，在步骤上一点点的差异，就能让芝士蛋糕在口感、质地、味道上有非常大的差别。阅读本书，邂逅令人感动的美好滋味吧。

自1987年开店以来，Oven Mitten秉承着让顾客想再次品尝的想法，来制作糕点，芝士蛋糕更是热卖的经典品种。芝士蛋糕在拿到店里之前，要经过全国、甚至海外的试吃，不断地重复试做推出。我在持续并不断研究下，察觉到一个"差异"，就是饱含空气的方法，这攸关芝士蛋糕最后的成果。

如同p.4~7的说明，即使用相同的奶油奶酪制作，因混拌的方法不同，质地和口感也会随之变化。想要呈现蓬松、入口即化般的芝士蛋糕时，若未经充分混拌，会因为没有饱含空气而呈现沉重的口感，会过甜，而且奶酪风味也会变得厚重。这是因为在以饱含空气为前提下，配方中使用较多分量的奶油奶酪。反之，若想要呈现浓稠顺滑口感的芝士蛋糕，以饱含空气的方法混拌，就会呈现过度膨胀、蓬松的口感，风味反而会随之清淡而模糊。这就是因为想要制作出质感好的蛋糕，而添加了鲜奶油，或抑制奶油奶酪的比例而造成的。

烘焙方法也有差异。若要呈现出蓬松、入口即化的口感，则将竹签刺入蛋糕正中央后缓缓拔出，如果竹签上没有粘黏面糊，即可从烤箱取出。若是想制作顺滑口感的芝士蛋糕，就必须在稍早一些的柔软状态下，从烤箱取出。若是以完成柔软润泽的芝士蛋糕为目标，烘焙时间就要更短一点。并不是烘焙得越久就会越硬，而是由奶酪风味挥发的"差异"决定的。完成烘焙有非常重要的诀窍，因此请多尝试几次，找到自己喜欢的口感。

这本书中的芝士蛋糕，都是教室及店内至今持续推出的热卖品与精选品，享用后奶酪乳香在口中扩散，令人感动，希望大家务必品尝看看。

目录

烘烤类

用略硬的奶油奶酪制作，使其充分饱含空气

用柔软的奶油奶酪制作，不含空气地混拌

免烤类

- -

用提高温度软化后的奶油奶酪制作

- -　　　- -

开始制作芝士蛋糕之前

· 混拌方法的说明，是以惯用右手为例进行介绍的。

· 材料方面，液体也几乎都以 g 表示。这样更方便用电子秤测量。

· 1 大匙是 15 mL，1 小匙是 5 mL。

· 标记各种芝士蛋糕的图示如下。

品尝芝士蛋糕时

· 用热水温刀后再分切，每切完一刀都需要拭去刀上的黏附物。为了让努力完成的蛋糕能切出漂亮的切面，请避免用冰凉的刀分切。

从制作开始至最佳赏味期

保存参考（密封后冷藏保存）

冷冻保存，〇可以（解冻方法：置于冷藏室自然解冻）；× 不可以

奶酪面糊中含奶油奶酪的比例

Mitten 风格的纽约芝士蛋糕

要点

- 用略硬的奶油奶酪制作，使其充分饱含空气
- 低温，烤至恰好烘熟

提起芝士蛋糕，大家最熟悉的应该是NY芝士蛋糕吧。但其中的定义却又好像不太明确。隔水烘焙？添加酸奶油？底部使用饼干碎？为了找芝士蛋糕绕遍了纽约。无论哪一家名店，都是可以直接品尝到奶油奶酪的美味，配方中没有酸奶油，都是少量鲜奶油、大量奶油奶酪的配方。其中我个人最喜欢的是署名"Magnolia Bakery"柔软口感的芝士蛋糕。以此为参考，抑制甜度，使其饱含空气，增加松软入口即化的口感，完成Mitten风格的芝士蛋糕。

材料

底部无法卸下的圆形模具1个

（直径15cm×高6cm）

奶酪面糊

奶油奶酪（卡夫、Luxe北海道各150g）…300g

细砂糖（细粒）…73g

香草油…约1/4小匙

鸡蛋…100g

淡奶油…25g

低筋面粉…4g

酥粒

发酵黄油（无盐）…15g

低筋面粉…20g

杏仁粉…20g

细砂糖（细粒）…15g

肉桂粉…约1/8小匙

盐…少许

准备

- 在模具中铺放烤盘纸（参照p.79）。
- 将酥粒所用黄油切成8～10mm方块，置于冰箱冷藏至充分冷却。
- 奶油奶酪切成均等的厚度，以保鲜膜包覆，使其温度达到16～18℃（参照p.77）。
- 使鸡蛋温度达到20～22℃。
- 淡奶油置于冰箱冷藏室备用。
- 过筛低筋面粉。
- 预热烤箱。

>烤箱

　以170℃预热、150℃烘焙

※卡夫奶油奶酪混合了Luxe北海道奶油奶酪，滋味会变得更加柔和，但单用卡夫奶油奶酪制作也可以，酸味会比较单一。可能会因奶油奶酪的硬度而难以混拌，因此可以将奶酪的温度提高2～3℃后再进行混拌。

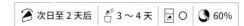
次日至2天后　　3～4天　　　○　　60%

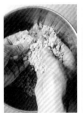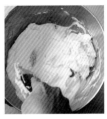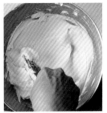

1 制作酥粒。在料理盆中放入酥粒的材料，用指尖将一半黄油搓散，再重复搓散另一半黄油，使其成为粉状奶酪般，放入冰箱冷藏室备用。

2 将奶油奶酪放入料理盆中，用橡胶刮刀按压使其全部均匀后，之后添加细砂糖、香草油使其全部融合。

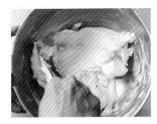

3 取约2大匙鸡蛋液加入融合，用橡胶刮刀混拌至可顺利搅拌为止。

※奶油奶酪量大且硬实，因此添加部分鸡蛋液稀释，使打蛋器更加容易搅拌。

4 改用打蛋器，强力混拌约80次。

※参照p.5。

5 其余的鸡蛋液分3次加入，每次加入后都同样混拌约60次。

※恰到好处地使材料饱含空气，虽然要制作出松软的口感，但含有过多的空气又会使其过度膨胀，造成大的裂痕，因此也要注意避免过度混拌。

6 加入淡奶油，充分混拌。

7 将约1/8的面糊移至曾装有鸡蛋液的料理盆中，加入低筋面粉，以打蛋器均匀混拌，再将面糊倒回料理盆中，充分混拌。

※此时面糊约为20℃，如此烘焙时间较稳定。

8 倒入模具中，放入烤箱烘烤10分钟。

9 先取出，再在上方用汤匙均匀撒上步骤1的酥粒。

0 再次放入烤箱，接着烘烤20～23分钟。待膨胀至1.5～2cm高时，插入竹签并缓慢抽出，确认是否黏附面糊，在少许黏附并具有浓稠度时，就能从烤箱取出，冷却后放入冰箱冷藏室静置一夜。

※从烤箱刚取出时是膨胀的，一旦冷却后蛋糕体会下沉。
※冷却后，蛋糕体会回缩至倒入模具时的高度。

榛果纽约芝士蛋糕
抹茶纽约芝士蛋糕
覆盆子纽约芝士蛋糕

制作"Mitten风格的纽约芝士蛋糕（p.13）"基本面糊，取部分面糊与抹茶混拌，按照需要加以调配变化。加入带有风味的面糊，可以让食材的滋味更多变，又能同时享用到与原味混合时的美味。考虑到榛果的馨香与奶酪的搭配而试着制作，没想到十分成功。抹茶的微苦，覆盆子的酸甜，都非常适合搭配奶酪的浓郁与温和的酸味。

迷你纽约芝士蛋糕

基本面糊也能用马芬模具（直径7cm，6个）进行烘焙。在纽约，这种可爱的迷你尺寸也非常受欢迎。采用更低温度来烘焙。

次日至2天后　3～4天

榛果纽约芝士蛋糕

> 烤箱以170℃预热、150℃烘焙

1 先取基本面糊90g（a），加入榛果酱28g，用橡胶刮刀混拌至顺滑（b）。

※ 面糊变硬时，可以先隔水加热使其软化后使用。

※ 也可以使用花生酱或开心果酱（最好是无糖）制作。

2 其余的面糊倒入模具后，再用汤匙或刮铲将添加榛果酱的面糊，分数个位置做出圆点状图案（c）。

3 用烤箱烘烤26～28分钟。

a

b

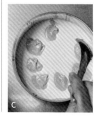
c

抹茶纽约芝士蛋糕

> 烤箱以170℃预热、150℃烘焙

1 在2.8～3g抹茶中加入5g细砂糖（细粒）过筛备用，加入先取出的基本面糊中（a），用打蛋器混拌至均匀（b）。

※ 在抹茶中先加入细砂糖，可以防止结块，更容易与面糊混拌。

※ 使用香气佳的优质抹茶。

2 其余的面糊倒入模具后，再用汤匙将添加抹茶的面糊，分数个位置做出圆点状图案。

3 用烤箱烘烤26～28分钟。

a

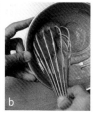
b

覆盆子纽约芝士蛋糕

> 烤箱以170℃预热、150℃烘焙

1 制作覆盆子酱汁。用橡胶刮刀混拌杏桃果酱10g和完成过筛的糖粉6g，覆盆子果泥30g分2次加入，每次加入后都充分混拌，装入小裱花袋内备用。

※ 覆盆子酱汁与"奶酪芭芭露亚（p.59）"相同。

2 将半量的基本面糊倒入模具中，将装有酱汁的裱花袋一角剪切出直径4～5mm的

切口（a），表面来回描绘出锯齿状（b）。将模具转动90°，再轻轻倒入其余的面糊（c），再次以锯齿状挤出其余的覆盆子酱汁（d）。

※ 挤酱汁时，也可以使用挤酱汁或蜂蜜用的分注器。

3 用烤箱烘烤26～28分钟。

a

b

c

d

※ 以上3款芝士蛋糕烘焙完成的判断基本相同，静置于冰箱冷藏室一夜。

迷你纽约芝士蛋糕

> 烤箱以160℃预热、140℃烘焙

在马芬模具中铺放油纸杯，将面糊倒至约九分满，可以摆放上酥粒或挤上覆盆子酱汁（a），用烤箱烘焙约20分钟。待降温后脱模，冷却后静置于冰箱冷藏室一夜。

※ 也可使用榛果和抹茶。

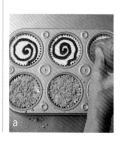
a

17

独创烤芝士蛋糕

要点

- 以略硬的奶油奶酪开始制作，使其充分饱含空气
- 先烤出添加核桃的醇香的底部面团

浓郁及淡淡的酸味，松软的口感。在 Oven Mitten 店内也是 30 年热销的商品，底部在店内使用的是不易受潮的海绵蛋糕，因为有很多偏好馨香温暖风味的客人，因此这里介绍的是添加大量核桃的奶油酥饼类型，只需以食物料理机搅碎即可。配合享用时间进行制作，在底部受潮前食用完毕，是手工才能制作的糕点。

材料

底部无法卸下的圆形模具1个

（直径15 cm×高6 cm）

奶酪面糊

奶油奶酪 (Kiri)…224 g

细砂糖 (细粒)…68 g

香草荚…1/5根

发酵黄油 (无盐)…25 g

酸奶油…100 g

┌ 蛋黄…40 g

└ 蛋白…40 g

玉米淀粉…7 g

饼干面团

发酵黄油…24 g

低筋面粉…48 g

核桃…24 g

细砂糖 (细粒)…14 g

盐…少许

准备

• 在模具中铺放烤盘纸（参照 p.79）。不需要放侧面，只需铺放底部。

饼干面团

• 黄油切成1 cm方块，置于冰箱冷冻室冷冻成硬邦邦的状态。

• 核桃切分成4等份。

• 过筛低筋面粉。

• 预热烤箱。

奶酪面糊

• 奶油奶酪切成均等的厚度，用保鲜膜包覆，使其达到16 ～ 18℃（参照 p.77）。

• 香草荚纵向对半分切，刮出籽。

• 发酵黄油（切成均等厚度，以保鲜膜包覆）、酸奶油与混合完成的蛋黄和蛋白搅匀，使其达到18 ～ 20℃（发酵黄油参照 p.77）。

• 煮沸隔水加热用的热水备用。

>烤箱

饼干面团：

以200℃预热、180℃烘焙

奶酪面糊 (隔水加热)：

以190℃预热、170℃烘焙

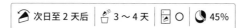
次日至 2 天后   3 ～ 4 天   ○   45%

建议在底部饼干受潮前享用完毕

底部饼干会略受潮

1 将饼干面团的材料放入食物料理机内搅打，打碎至核桃成为4mm左右。

2 放入预备好的模具中，用刮板刮平表面，最后将刮板平放按压使其固定。

※如果填充均匀，烘焙后也不易开裂。

3 放入烤箱中烘焙15～17分钟，待烘焙至呈淡褐色后，从烤箱中取出，冷却。

4 在模具侧面铺入烤盘纸，在面团与模具间插入抹刀并沿模具划圈，使其出现间隙，再将侧面用的烤盘纸插入间隙中。

 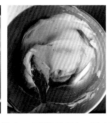

5 奶油奶酪放入料理盆中，用橡胶刮刀按压使其全部均匀，加入细砂糖、香草籽混拌至橡胶刮刀可以平顺地动作为止。

6 改用打蛋器，用力混拌约100次至全部均匀。

※参照p.5。

7 加入柔软的黄油，同样混拌约60次。

 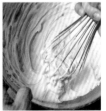

8 加入酸奶油，同样搅拌约60次。

9 鸡蛋液分3次添加，每次加入后同样混拌30秒。

※过程中用橡胶刮刀刮落黏附在料理盆周围的面糊，若发现有小的奶酪块，可以借助料理盆侧面用刮刀压散使其顺滑。

11 把面糊倒入步骤4的模具里。如果面糊有隆起的地方，就把橡胶刮刀的尖端插入，前后轻轻地移动，摇晃面糊，使其平整。

※若有大的气泡，可以用竹签戳破消除。

13 放置1小时以上，降温后从烤箱中取出，静置于冰箱冷藏室一夜。

10 将约1/5分量的面糊转移至曾装有鸡蛋液的料理盆中，加入玉米淀粉，用打蛋器混拌均匀。倒回放面糊的料理盆中，同样充分混拌均匀，直至用橡胶刮刀挑起后，会浓稠掉落留下痕迹的程度。

※此时面糊温度约为20℃，最为理想。

12 模具放在烤盘上，烤盘里倒入1～2cm高的热水后放入烤箱，烤30分钟。当部分烘焙出淡淡烘烤色泽时，停止烘焙并静置。

※注入热水的烤盘放入烤箱时，请注意避免烫伤及热水外溢。可以先注入半量热水，待放入烤箱后，再注入其余半量。
※若立即从烤箱中取出，中央部分会产生陷落状况，因此需要缓慢地静置冷却。

苹果酥粒芝士蛋糕

要点

▪用略硬的奶油奶酪制作，使其充分饱含空气

▪判断酥粒烤得馨香，蛋糕体柔软地完成

凤梨黑醋栗酥粒芝士蛋糕

次日 | 2～3天 | ⊠ × | 49%

建议在酥粒受潮前享用

苹果酥粒芝士蛋糕

柔软且口感怡人的奶油奶酪基底中，添加大量美味多汁糖煮苹果的蛋糕。以表层烘烤得馨香酥脆的酥粒，取代底层饼干，更具画龙点睛的效果。是令人停不下口的美味组合。

材料

底部无法卸下的圆形模具1个

（直径15 cm×高6cm）

奶酪面糊

奶油奶酪 (Kiri)…200g

细砂糖…58g

香草酱…1/8小匙

发酵黄油(无盐)…23g

酸奶油…53g

⌈ 蛋黄…38g

⌊ 蛋白…38g

玉米淀粉…6.3g

糖煮苹果 (2次分量)

苹果 (红玉，除去表皮及果芯的实际重量)…300g

细砂糖…33g

水…27g

现榨柠檬汁…4g (略少于1小匙)

※富士苹果也可以，此时请参考步骤1。

酥粒

A

⌈ 发酵黄油(无盐)…13g

│ 低筋面粉…20g

│ 杏仁粉…20g

│ 细砂糖…15g

⌊ 盐…少许

肉桂粉…1/6小匙

准备

酥粒

• 将黄油切成8～10mm方块，置于冰箱冷藏室充分冷却。

奶酪面糊

• 在模具中铺放烤盘纸 (参照p.79)。

• 将奶油奶酪切成均等的厚度，用保鲜膜包覆，使其达到16～18℃ (参照p.77)。

• 黄油 (切成均等厚度，用保鲜膜包覆)、酸奶油与混合完成的蛋黄和蛋白拌匀，使其达到20～22℃ (黄油参照p.77)。

> 烤箱

以200℃预热、180℃烘焙

1

制作糖煮苹果。苹果切成2～3cm的方块，放入平底锅中。加入其余的材料，连同锅一起晃动，使细砂糖均匀溶解于其中，盖上盖子，用大火加热。待冒出蒸汽后转为小火，再加热1分30秒后熄火，放置5分钟，以竹签戳时能轻易刺穿即可，盖上锅盖放置冷却。

※用富士代替红玉也可以，但要煮7～8分钟后关火。

※静置一夜后苹果就能饱含糖浆，成为美味多汁的状态。

※步骤8中使用1/2分量。其余冷藏约可保存1周，冷冻约能保存3周。

2 制作酥粒。将A放入料理盆中，用指尖将一半黄油搓散，再重复搓散另一半黄油，使其成为粉状奶酪状。半量添加肉桂粉，用指尖使其混入。将粉油粒捏成小块后，再逐次少量地撕成大小不同的酥粒。原味酥粒也以相同方式制作。放在冰箱冷藏室备用。

3 制作奶酪面糊。奶油奶酪放入料理盆中，用橡胶刮刀按压般地混合均匀，之后添加细砂糖、香草酱，充分混拌，使全部融合。

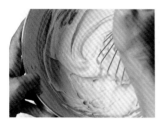

4 改用打蛋器，强力混拌约60次，直到全部变得均匀。

※参照p.5。

5 发酵黄油放入小料理碗中，以橡胶刮刀搅拌至顺滑后，再加入步骤4的料理盆中，用打蛋器充分混拌。接着倒入酸奶油，用打蛋器混拌。

6 分3次添加鸡蛋液，加入后都以同样的强力混拌30秒。

※温度保持在20℃以下，面糊没有变形，自然就能饱含空气。

7 将1/5左右的奶酪面糊移至装有鸡蛋液的料理盆中，加入玉米淀粉，用打蛋器均匀混拌。再将拌匀的奶酪面糊倒回料理盆中，以同样的方式充分混拌均匀。

8 倒入模具中，摆放糖煮苹果（制作方法1的1/2分量）。表面撒上原味和肉桂酥粒。

9 放入烤箱中，烘烤24～25分钟。面糊膨胀1～1.5cm高，轻压中央部位，仍可感觉柔软的程度时，从烤箱中取出。待放凉后放置于冰箱冷藏室一夜。

※烘焙至酥粒呈现烘烤色泽的程度。避免过度烘焙。

※一旦冷却就会恢复成面糊倒入模具时的高度。

凤梨黑醋栗酥粒芝士蛋糕

若是凤梨和莓果，即使没有糖煮也能直接用于烘焙，虽然很推荐香甜凤梨和酸甜黑醋栗的组合，但即使单一使用也很美味。

材料
底部无法卸下的圆形模具1个
（直径15 cm×高6cm）

奶酪面糊
与"苹果酥粒芝士蛋糕（p.24）"相同

酥粒
苹果酥粒芝士蛋糕（p.24）的A
柠檬皮（刨碎）…1/4个量
凤梨（新鲜，除去外皮和芯的实际重量）…80g
黑醋栗（冷冻）…50g

※如果只使用菠萝，150g即可；如果只使用黑醋栗，120g撒上4g细砂糖。

准备
· 与"苹果酥粒芝士蛋糕（p.24）"相同

>烤箱
以200℃预热、180℃烘焙

1 用与"苹果酥粒芝士蛋糕"相同的方法制作酥粒，用柠檬皮碎代替肉桂粉。

2 凤梨切成1.5～2cm的方块。

3 按照与"苹果酥粒芝士蛋糕"相同的方式制作奶酪面糊，倒入模具，摆放凤梨和冷冻状态的黑醋栗，再于表面撒上酥粒（a）

4 放入烤箱中，烘烤25～30分钟。

※因放入黑醋栗，烘烤时间也会拉长。

巴斯克风格芝士蛋糕

要点

▪ 用柔软的奶油奶酪制作，不含空气地混拌

▪ 高温、短时间烘烤，材料晃动程度也是完成的判断

次日 ｜ 3～4 天 ｜ × ｜ 33%

巴斯克风格芝士蛋糕

表面是焦糖，中间宛如芝士布丁般，竟处于半熟状！

初次邂逅超人气的巴斯克风格蛋糕已是在好几年前。某天休假时，听闻西班牙巴斯克的圣塞巴斯蒂安有一间小酒馆的芝士蛋糕远近驰名，因而特地造访，回日本后立刻尝试制作。因模具的大小、烤箱等都不同，因此不断地尝试，终于制作出极为接近当地风味、充满自信的成品，命名为"酒馆风芝士蛋糕"，并在店内推出，之后大约5年，就以"巴斯克风格芝士蛋糕"之名，在日本流行起来。因为并非百分百巴斯克地区的传统糕点，所以至今有点介意，但为了帮助大家熟悉，在Oven Mitten店内改了名字，想要传递当时在小酒馆品尝到的感动滋味。在此将Mitten的配方及烘焙方式传授给大家。正因为是小酒馆的糕点，搭配红酒也十分对味。

材料

底部无法卸下的圆形模具1个

（直径15cm×高6cm）

奶油奶酪（Kiri、卡夫各110g）…220g

细砂糖（细粒）…100g

- 蛋黄…60g
- 蛋白…100g

淡奶油…170g

现榨柠檬汁…3g（略多于1/2小匙）

- 低筋面粉…8g
- 玉米淀粉…4g

准备

• 奶油奶酪切成均等的厚度，用保鲜膜包覆，使其达到25～30℃（参照p.7）。

• 使混合的蛋黄和蛋白温度达到20～22℃。

• 把淡奶油放在冰箱冷藏室备用。

• 将低筋面粉和玉米淀粉一起过筛。

• 预热烤箱。

>烤箱

以260℃预热、240℃烘焙

1 将30cm的方形烤盘纸放入模具中，沿着内侧推叠褶皱铺入。仔细地铺至底部呈现贴合状，上方超出模具部分，则向外翻折。

※完成烘焙的蛋糕脱模时，可以提起超出模具的部分，连同烤盘纸一起上提脱模。因为表面是焦糖状，中间仍是柔软状态，因此轻巧地提拉烤盘纸取出。

2 奶油奶酪放入料理盆中，加入细砂糖，用橡胶刮刀使其融合，在混拌至呈顺滑状。改用打蛋器搅打至顺滑。

※参照p.7。

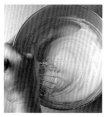

3 鸡蛋液分2～3次加入，每次加入后都以同样的方式混拌。混拌后，再加入其余的鸡蛋液，避免过度搅拌。

4 淡奶油隔水加热或以微波炉加热至25～30℃。分2次加入，每次加入后都搅拌至不打发的顺滑状态。

5 加入现榨柠檬汁，轻轻混合。

6 将奶酪面糊的1/5分量移至其他的料理盆中，加入过筛并混合的低筋面粉和玉米淀粉，用打蛋器均匀混拌。倒回料理盆中，同样混拌均匀。

※按照p.7的混拌方法，若搅拌时能避免空气混入，即可成为顺滑的面糊而无须过滤。

7 倒入模具中，放入烤箱烘烤23～25分钟。直至表面充分呈现焦色，面糊膨胀起来为止，在这期间，尽量不要打开烤箱门。

※在烤箱中摇动模具，如若液体强烈晃动，则需要再烘烤1～2分钟。最理想的烘焙完成状态是，面糊会呈现轻缓的晃动，因此分辨其状态非常重要。

※放入模具时的面糊为25℃时，就会是这个烘焙时间。若无法在这个烘焙时间完成的话，可以提高烘焙温度，视其状态再略加烘焙。

8 冷却后，在冰箱冷藏室静置一夜。

※冷却后，蛋糕会再沉陷，呈面糊倒入模具时的高度。

※分切时，连同烤盘纸一起脱模，避免蛋糕侧面和底部焦色剥离，轻轻地撕去烤盘纸。

焦糖香蕉的巴斯克风格芝士蛋糕

次日 | 3～4天 | ×

杏李芝士蛋糕

次日 | 3～4天 | ×

焦糖香蕉的巴斯克风格芝士蛋糕

面糊和烘焙方法都与原味巴斯克风味芝士蛋糕相同。添加了焦糖和香蕉的香甜，相当受欢迎。虽然材料比例相同，但加了香蕉，面糊分量会减少1成。倒入底部的焦糖浓度就是重点。

材料

底部无法卸下的圆形模具1个
（直径15cm×高6cm）

奶酪面糊

奶油奶酪（Kiri、卡夫各100g）…
200g

细砂糖（细粒）…9g

蛋黄…55g
蛋白…90g

淡奶油…152g

现榨柠檬汁…3g
（略多于1/2小匙）

低筋面粉…7g
玉米淀粉…4g

焦糖香蕉

细砂糖…22g

热水…16g

香蕉（实际重量160g）…约1.5根

杏桃果酱…约25g

准备

• 与"巴斯克风格芝士蛋糕
  （p.28）"相同。

>烤箱
  以260℃预热、240℃烘焙

1 香蕉切成7mm厚的片状。

2 在小锅里放入细砂糖，开中大火加热，摇动锅子的同时使其慢慢熔化，焦化成焦糖状。

※不要焦化至过浓的焦色（比布丁的焦色更淡）。

3 关火，加入热水混合，马上倒入准备好的模具中，倾斜使焦糖扩散（a）。

4 放置约30秒后，趁表面还没有完全凝固时，一边用香蕉摊展开焦糖，一边用香蕉边贴合模具底部（b，c）。

※过度摇晃焦糖会导致干燥，在烘焙过程中，香蕉片因而浮起。

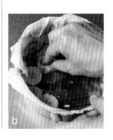

5 奶酪面糊按照与"巴斯克风格芝士蛋糕"相同的方法制作，制作完成后倒在排放好的香蕉上，放入烤箱中烤25～27分钟。

※烘烤程度的参考标准也相同。

6 冷却后，静置于冰箱冷藏室一夜，脱模，剥掉侧面的烤盘纸，轻轻地翻过来，底部的烤盘纸也慢慢地剥掉。用微波炉温热杏桃果酱，将其涂在焦糖香蕉上（d）。

杏李芝士蛋糕

这款蛋糕的制作方法也和原味巴斯克风格芝士蛋糕完全相同，但利用
隔水加热，使温度降低再缓慢加热，是完全相反的烘焙方式。能做出
顺滑的柔软蛋糕，糖煮杏桃和红茶蜜李十分对味。

材料

底部无法卸下的圆形模具1个

（直径15cm×高6cm）

奶酪面糊

与"巴斯克风格芝士蛋糕（p.28）"相同

糖煮杏桃（参照右侧配方）…60g

红茶蜜李（参照右侧配方）…60g

准备

· 与"巴斯克风味芝士蛋糕（p.28）"相同。

· 煮沸隔水加热用的热水备用。

> 烤箱（隔水加热）

以200℃预热、180℃烘焙

1 糖煮杏桃和红茶蜜李分别切成2cm块
状，在模具底部排列（a）

※模具中分别以同心圆的方式交替排列，
如此分切时也能均匀地分到杏桃和蜜李。

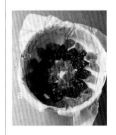

2 制作奶酪面糊，与"巴斯克风格芝士蛋
糕"方法相同，倒入步骤1中。

3 模具放置在烤盘上，倒入1～2cm高的
热水后，放入烤箱中，隔水烘焙35～40
分钟。直到表面呈现烘烤色泽后用竹签
插入，拔出竹签，若没有粘生面糊，即
已完成。

4 于冰箱冷藏室静置一夜。

糖煮杏桃

材料（方便制作的分量）

干燥杏桃…100g　水…100g　细砂糖…30g

1 在锅里放入杏桃和水，用中火加热至沸腾后
转小火煮5～6分钟。关火，盖上锅盖，
放置7～8分钟。

2 加入细砂糖（a），混拌至溶化后，用小火续
煮1～2分钟（b）。关火后直接放置冷却。

红茶蜜李

材料（方便制作的分量）

干燥蜜李（去核略硬的李干）…200g

红茶（伯爵茶）的茶叶…4g　热水…120g

1 在茶叶中倒入热水，盖上盖子闷蒸7分钟后，
用滤茶器过滤。

2 在锅中放入干燥蜜李和1的红茶，中火加热，
沸腾后关火（a），盖上锅盖，放置5小时
至一夜，使其软化。

※无论哪一种，冷
藏保存约2周，冷冻
保存约3个月。

香料芝士冻糕

要点

- 遵守绝妙平衡的配方比例
- 用柔软的奶油奶酪制作，不含空气混拌
- 低温，烤至恰好烘熟

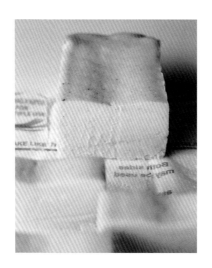

品尝到顺滑、绵密口感的同时，复杂的滋味也在口中扩散，有着淡淡的肉豆蔻和肉桂的印象。白巧克力不但没有压制奶酪，更烘托出绝妙的搭配。为了避免食材风味挥发，务必注意不要过度烘烤，一起品尝崭新风味吧。

材料

磅蛋糕模具1个

（长20.5cm×宽8cm×高6cm）

奶油奶酪（Kiri）…200g

细砂糖…75g

香草荚…4厘米长1根

酸奶油…70g

蛋黄…52g
蛋白…57g

淡奶油…100g
覆淋白巧克力…63g

玉米淀粉…8g

肉豆蔻（整粒、刨碎）…0.5g
肉桂粉…0.5g

准备

- 在模具中铺放烤盘纸。预备能铺入模具的底部和侧面的长方形烤盘纸，铺放（参照p.79）。
- 将奶油奶酪切成均等厚度，用保鲜膜包覆，使其达到30～36℃（参照p.77）。
- 香草荚纵向对切，取出籽。
- 使酸奶油、混合的蛋黄和蛋白温度达到20～22℃。
- 淡奶油放在冰箱冷藏室备用。
- 将白巧克力切成粗粒，放入料理碗中。
- 煮沸隔水加热用的热水备用。
- 预热烤箱。

>烤箱（隔水加热）

180℃预热

160℃ 20分钟→150℃ 17～20分钟烘焙

次日至3天后 ｜ 3～4天 ｜ ○ ｜ 44%

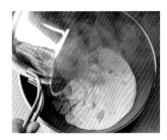

1 在锅里放入淡奶油，中火加热，在即将沸腾前关火。淋至白巧克力上，用打蛋器搅拌使其溶解。

2 将奶油奶酪放入另一个料理盆中，加入细砂糖和香草籽，用橡胶刮刀混拌至呈顺滑状。改用打蛋器搅拌至顺滑。

※参照p.7。

3 将酸奶油加入步骤2的奶油奶酪中，避免空气混入地进行混拌。

4 分3次加入鸡蛋液，每次加入后都混拌至顺滑为止。

5 加入步骤1的溶化巧克力混拌。

6 将奶酪面糊约1/5分量放入曾装有鸡蛋液的料理盆中，加入玉米淀粉，用打蛋器均匀地混拌，倒回奶酪面糊料理盆中以同样的方式充分混拌。

7 用滤网过滤倒入另一个料理盆中，添加磨碎的肉豆蔻和肉桂粉，用打蛋器搅拌混合均匀。

※参照p.7，步骤3～7避免空气拌入的混合。
※倒入模具中的面糊温度在25～26℃。如果温度过低，可用隔水加热法温热，如果温度过高，可通过垫放冷水来调整温度。

8 倒入模具中，放在烤盘上，外侧注入1～2cm高的热水后放入烤箱中，隔水烘烤20分钟。

※当注入热水的烤盘放入烤箱时，注意不要烫伤和避免热水外溢，先倒入一半的热水，放入烤箱后再倒入余下的热水。

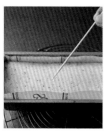

9 降温至150℃烘烤17～20分钟。用竹签刺入，若没有粘生面糊，即可从烤箱中取出。冷却后，静置于冰箱冷藏室一夜。

※连同烤盘纸一起脱模，慢慢地把烤盘纸揭下来。

舒芙蕾芝士蛋糕

要点

- 以质地细致柔韧的蛋白霜和浓稠软滑的卡士酱制成
- 以 Mitten 法混拌蛋白霜

奶酪风味在口中扩散，浓稠软滑的细致口感，在广大热爱者间被称为"喝的芝士蛋糕"。奶油奶酪充分软化后，搭配混入卡士酱，蛋白也打发成细致柔软的蛋白霜。无论哪种材料都呈现相同的软滑，并保留气泡地完成混拌。只有手工制作才能品尝到的美味及乐趣。

材料

底部无法卸下的圆形模具 1 个
（直径 15 cm × 高 6 cm）

奶油奶酪（Kiri）…186 g

发酵黄油（无盐）…28 g

- 蛋黄…35 g
- 细砂糖（细粒）…12 g
- 玉米淀粉…7 g

牛奶…93 g

蛋白霜

蛋白…60 g

细砂糖（细粒）…36 g

准备

- 在模具中铺放烤盘纸（参照 p.79）。
- 奶油奶酪切成均等的厚度，用保鲜膜包覆，使其达到 40 ~ 45℃（相当柔软）（参照 p.77）。
- 蛋白在冰箱冷藏室充分冷却。
- 黄油用热水或微波炉加热熔化，使其达到 40 ~ 50℃。
- 煮沸隔水加热用的热水备用。
- 预热烤箱。

> 烤箱（隔水加热）
> 190℃预热
> 170℃约 10 分钟→150℃ 4 分钟烘焙

次日至 2 天后 | 3 天 | × | 40%

1 将奶油奶酪放入略大（直径约24cm）的料理盆中，加入熔化的黄油，用打蛋器充分搅拌。

※搅拌完成后或许呈现稍微分离的情况，但是没有关系。盖上保鲜膜，放在温热的地方，或者垫放温水备用。

2 把蛋黄放入另一个料理盆里，加入细砂糖，用打蛋器混拌，接着加入玉米淀粉搅拌均匀。

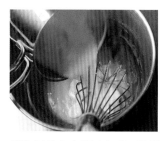

3 将牛奶放入小锅中加热，沸腾后一次性倒入步骤2的蛋黄料理盆中充分搅拌。

4 将步骤3的料理盆放入沸腾的热水中，用橡胶刮刀轻轻搅拌并使其变热。一边搅拌一边加热，面糊会从底部开始凝固，当开始凝固部分达到1/4时，立即停止隔水加热，换成打蛋器，搅拌到全部如沙拉酱般黏稠。

※热水的温度过低，材料无法受热，所以隔水加热的热水要保持沸腾。拿着料理盆的手要戴耐热的手套，方便紧紧地拿好容器。
※如隔水加热时间太长，过度浓稠，之后加入的蛋白霜会难以混拌，无法制作出蓬松顺滑的口感，所以务必注意。

5 将步骤4的材料马上趁热放入步骤1的奶油奶酪料理盆中，用打蛋器搅拌均匀。变成柔软顺滑的状态后即完成。包覆保鲜膜置于温热场所备用。

※使其达到与蛋白霜一样的柔软度。

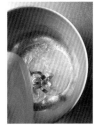

6 制作蛋白霜。将蛋白放入料理盆中，首先加入2小匙细砂糖，用手持电动打蛋器中速搅拌1分30秒，大动作画圈，再用1秒1圈的缓慢速度搅打。加入剩余细砂糖的1/2量，同样以中速打发1分钟。

※蛋白冷却备用，可以防止过度打发，容易制作出细腻的蛋白霜。
※手持电动打蛋器的机体，搅拌棒沿着料理盆的侧面产生哒哒哒的声响，边转动边打发。

7 加入其余的细砂糖，低速打发1分30秒，制作出提起搅拌棒时，尖端会长长垂下的蛋白霜。

※因为是气泡细致的蛋白霜，因此体积不太会增加。避免打发至尖角直立状态。

8 把步骤5的面糊用打蛋器再次搅拌均匀后，加入1/4的蛋白霜，用橡胶刮刀粗略混合。

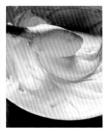

9 剩余的蛋白霜，用手持电动打蛋器卸下的搅拌棒再次混拌至顺滑后，加入奶酪面糊料理盆中，继续以Mitten法混拌蛋白霜。橡胶刮刀以倾斜向上的状态横向动作混拌，左手拿着料理盆固定在9点钟方向。先将橡胶刮刀由中心略朝右侧开始，朝橡胶刮刀左下侧，料理盆边缘的9点钟方向，深入底部1/3拌入，再以相同姿势沿着料理盆，向上翻起6cm，同时左手将料理盆逆时针转动60°。右手再次回到起始的位置重复动作（因转动料理盆，奶酪蛋糊随之转动，橡胶刮刀插入的位置也与之前不同）。迅速地以此节奏重复约40次，直到看不见蛋白霜为止。

10 倒入模具中。用双手持模具快速转动，因为离心力的关系，高度会一致。再用橡胶刮刀抹平表面。

11 模具放在烤盘上，倒入1~2cm高的热水后放入烤箱中，隔水烘烤10分钟。

※把倒入热水的烤盘放入烤箱时，注意不要烫伤及避免热水外溢。可以先倒入一半的热水，待放入烤箱后再倒入剩余的热水。

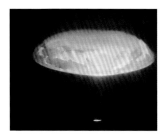

12 待蛋糕高度膨胀1.5~2cm时，将烤箱的温度降至150℃，烘焙4分钟，至部分表面开始呈现烤色为止。

※不要打开烤箱门。另外，注意避免烘烤过度。

13 烘烤结束后不要直接开烤箱门，放置2小时以上。从烤箱里取出冷却，于冰箱冷藏室静置一夜。

※利用余温使其缓慢受热。淡淡的烤色也会再呈现。
※一旦冷却，就会恢复成面糊倒入模具时的高度。

奶酪小塔

要点

▪ 薄薄地铺放在以 Mitten 法制作的混拌饼干面团上

▪ 短时间，烤至恰好烘熟

🥐 当天　🥛 1 天　🖼 ×　🥧 30%

奶酪小塔

这也是长红热销商品。打着使用著名奶油奶酪 Kiri 之名销售。我想正因为是具有丰富浓郁乳制品风味的 Kiri，才能呈现的滋味。虽然以西原金藏主厨传授的食谱为基础，但长年持续制作至今，也做出了以 Mitten 法独创的味道，入口即化。小型塔饼制作时，必须短时间受热，才能完成乳霜状的成品。为了避免影响口感，塔皮面团必须薄薄地铺入并完成烘烤。

材料

马芬塔模5个

（直径8 cm）

内馅

奶油奶酪（Kiri）…88g

细砂糖（细粒）…23g

低筋面粉…4g

玉米淀粉…2.5g

蛋黄…22g

蛋白…35g

淡奶油…116g

塔皮面团

（甜酥面团方便制作的分量）

发酵黄油（无盐）…60g

糖粉…40g

鸡蛋…20g

杏仁粉…15g

低筋面粉…110g

※塔皮面团面胚的材料是7个的分量。单烤塔皮后，可能会有裂纹或破裂等状况，多烤1～2个备用是诀窍。

※面团冷藏保存约2周，冷冻保存约1个月。

※在"葡萄干奶油奶酪夹心（p.67）"中也使用相同的面团。

准备

塔皮面团

- 将黄油切成均等的厚度，用保鲜膜包覆，使其温度达到室温（20～22℃）（参照 p.77）。
- 糖粉、低筋面粉分别过筛。
- 准备铝箔制塔模（8F尺寸、底部直径4～5cm的模具）（单烤塔饼的数量），与马芬塔模底部相同大小。
- 使鸡蛋温度达到20～22℃。
- 预备塔皮用重石。

内馅

- 奶油奶酪切成均等的厚度，用保鲜膜包覆，使其温度达到30℃（参见 p.77）。
- 将低筋面粉和玉米淀粉混合过筛。
- 使混合的蛋黄和蛋白温度达到20～22℃。
- 把淡奶油放在冰箱冷藏室备用。

> **烤箱**

塔皮面团：

以190℃预热、170℃烘焙

完成时以170℃预热、150℃烘焙

步骤

```
面团
制作后，冷藏静置一夜以上
（可冷冻），铺放于模具内，
冷冻1小时以上，
单烤塔皮，降温
```

↓

```
内馅制作
冷藏15～30分钟
```

↓

```
将内馅倒入塔皮上烘烤，
冷却到20～22℃
```

↓

1 制作塔皮面团。在料理盆中放入发酵黄油，加入糖粉，用橡胶刮刀搅拌使其溶化。再换成打蛋器，摩擦般混拌1分钟左右。

2 当黄油颜色变白后，分3次加入鸡蛋液，每次加入后都摩擦般混拌30～60秒。

3 接着加入杏仁粉，换成橡胶刮刀混拌均匀。

4 加入低筋面粉，用Mitten法混拌饼干面团。将粉类与黄油放入料理盆中，如切开般细细混拌。橡胶刮刀从黄油和粉类的右侧开始朝左侧（惯用手为右手时）横向划一切开般动作。从料理盆的外侧朝自己方向，划出10道一的线条。料理盆转动90°，同样进行划一的动作。重复这个步骤至粉类和黄油呈细小粒状。混拌至一定程度后，上下翻拌面团，重复混拌，直至粉类完全消失。

※用橡胶刮刀的尖端充分地施加压力，不要在料理盆底部留下搅拌痕迹。

※防止左右两侧残留，用橡胶刮刀充分划过两侧，黄油与粉类能被完整混合。

5 短握橡胶刮刀，从外侧朝身体方向，用力切开般迅速拉动面团。边小幅度地逐次转动料理盆，边切开般混拌不同位置，重复8～10次。

6 将面团刮至料理台上，轻轻整合面团，在料理台上整合成较刮板幅度略窄的程度。用刮板直线的那一边，重复地施以均匀的压力，少量逐次地将面团朝自己的方向拉动。

※刮板上方以双手各4指，另一侧则由拇指包夹，均等施力地拿着。在面团朝自己方向的1.5cm处斜向插入，使料理台上的面团留有2～3mm并迅速拉动。不是利用刮板的平面，而是使用边缘拉动面团。重复8～10次，使全部能均匀地进行推展混合。

7 整合成厚1.5～2cm的长方形，用保鲜膜包覆，于冰箱冷藏室静置一夜。

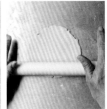

8 把面团铺入模具里。趁步骤7的面团在冰冷时分别切成35g一份。放置在撒有手粉（材料表以外量）的料理台上，用擀面棍按压推展至一定程度后，擀成约3mm厚度。

※在表面粗糙的塑胶砧板上擀压时，会因不容易粘住而好操作。
※剩余的面团可以冷冻保存。
※单烤塔皮，可能会有出现裂纹的成品，建议多准备1～2个备用。

9 接着将沾有手粉的面团表面朝上，放入模具中，使底部贴合模具。底部紧密贴合后，侧面也同样贴合，溢出边缘的面团则用抹刀刮落，置于冰箱冷冻室冷冻1小时以上。

10 在步骤9的面团上摆放铝箔制塔模，再放进满到边缘的重石，用烤箱烘烤约20分钟。

11 把铝箔制塔模和重石都取出。取出烤成金黄色泽的塔皮，未烤好的面团则继续烤2～3分钟，已完成烘烤的先取出降温。

※单烤塔皮时请务必充分烘烤后备用。
※确认每一个烘烤后的塔皮，剔除有裂缝或孔洞的塔皮。

2 制作内馅。将奶油奶酪放入料理盆中，加入细砂糖，用橡胶刮刀使其融合后，再搅拌至呈顺滑状态。

13 再度过筛低筋面粉和玉米淀粉，加入料理盆中，并且同样使其融合。

4 少量逐次加入鸡蛋液，改成打蛋器，避免混入空气地进行混拌。

※参照p.7。一旦混入空气，烘焙后会产生裂纹。

15 分2～3次加入淡奶油，每次都要搅拌至顺滑。用滤网过滤后，包覆保鲜膜，在冰箱冷藏室静置15～30分钟。

※在此静置面糊，则能抑制烘烤时产生的膨胀，防止产生裂缝。
※倒入模具时，最好在21℃左右，避免冷藏过久。

6 将内馅填至塔皮边缘。

※当内馅温度在21℃左右时，烘焙时间与食谱大致相同。如果过于冰冷，则需要放置于室温下稍微调整。

17 放入烤箱烘烤13～15分钟。当晃动模具时，如果不是全部而是仅中央部位略微晃动，立即取出。

※烘焙程度大约是内馅恰好受热的程度，必须注意：若过度烘烤，奶酪的风味也会随之改变。

奶油奶酪戚风蛋糕

要点

▪制作出即使与奶油奶酪的油脂混合，也不易被压塌的蛋白霜

▪软软的奶油奶酪和蛋黄一起打发

Mitten的戚风蛋糕，被肯定的不仅是轻盈，更有着润泽的口感。添加浓郁且油脂成分较多的奶油奶酪时，步骤上更要多下功夫。为了易于混拌，先添加蛋黄糊，制作出软滑的蛋白霜，这样更方便制作，且易于混拌。它是一款润泽的蛋糕体，隐约带着奶香滋味的戚风蛋糕。

材料
戚风蛋糕模具1个
（直径17cm）
奶油奶酪(Kiri)…70g
┌蛋黄…40g
└细砂糖…20g

A
┌色拉油…25g
├热水…27g
├现榨柠檬汁…8g
├柠檬皮(刨碎)…1/3个量
└香草油…5滴
┌低筋面粉…55g
└泡打粉…3g

蛋白霜
蛋白…105g
现榨柠檬汁…2g（略小于1/2小匙）
细砂糖…30g

准备

• 奶油奶酪切成均等的厚度，保鲜膜包覆，使其温度达到36～40℃（参照p.77）。

• 使蛋黄温度达到20～22℃。

• 低筋面粉和泡打粉混合后一起过筛。

• 将蛋白和现榨柠檬汁混合在一起后，放入冰箱冷藏室备用。

• 预热烤箱。

>烤箱
以200℃预热、180℃烘焙

🍰次日至2天后　🗑3天　🖼×　🌑18%

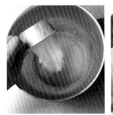 

1 将蛋黄和细砂糖放入料理盆中，用手持电动打蛋器的高速模式打发2分钟左右直至颜色变白。

2 将奶油奶酪放入另一个料理盆中，用橡胶刮刀搅拌使其变得顺滑。

3

将步骤1的蛋黄分2次加入奶油奶酪中，每次加入后都用手持电动打蛋器高速打发20～30秒。

※制作步骤6之前，先将手持电动打蛋器的搅拌棒清洗干净，并完全擦干。

4 加入混合好的材料A，换成打蛋器混拌。

5 将再度过筛的低筋面粉和泡打粉加入其中，用打蛋器混拌均匀。

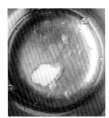   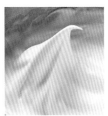

6 制作蛋白霜。添加了柠檬汁的蛋白放入料理盆中，首先加入1小匙细砂糖，以手持电动打蛋器高速打发1分钟30秒。大动作转动手持电动打蛋器的机体，随时沿着料理盆进行打发。用1秒1圈的缓慢速度搅打。待搅打至八分发时，加入细砂糖剩余量的1/2，同样以高速打发30秒。加入其余的细砂糖，再打发约20秒。

※冷却蛋白备用，可以防止过度打发，也较容易制作出质地细腻的蛋白霜。

※打发成尖角略微弯曲的顺滑蛋白霜，不是尖角直立的蛋白霜。

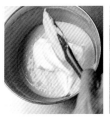

7 在步骤5的料理盆中加入1/4分量的蛋白霜，首先使用橡胶刮刀粗略混拌融合全部，再用Mitten法混拌蛋白霜，共进行12次。

※混拌蛋白霜的步骤请参照制作步骤8。

8 将步骤7倒回蛋白霜料理盆中，再次用Mitten法混拌蛋白霜22～25次。"混拌蛋白霜"的方式如下：橡胶刮刀面以倾斜向上的状态横向混拌，左手拿着料理盆固定在9点钟方向。先将橡胶刮刀由中心略朝右开始，朝橡胶刮刀左下侧，料理盆边缘的9点钟方向，深入底部1/3拌入，再以相同姿势沿着料理盆，向上翻起6cm，同时左手将料理盆逆时针转动60°。右手再次回到起始的位置重复动作（因转动料理盆，奶酪蛋糊随之转动，橡胶刮刀插入的位置也会与之前不同）。迅速地以此节奏重复进行。

9 倒入模具中，放入烤箱烘烤约27分钟。

※烘焙时膨胀到最高后开始有点下沉，裂纹和烤色就是烘焙程度的参考。

10 从烤箱里取出后，立即连同模具倒扣冷却。

※至享用前用保鲜膜包覆，置于冷藏室。

11 享用时再进行脱模。抹刀由外侧垂直插入并沿着模具划圈，绕一圈脱模。抹刀划入模具及蛋糕体间，中心部分也垂直插入，卸除底板。

双重奶酪戚风蛋糕

在基本面糊中撒上奶酪粉。让奶酪滋味更加清晰分明。面糊倒入模具后，在表面撒上胡椒粉，因此有同时品尝到胡椒风味蛋糕和原味蛋糕的乐趣。蛋糕体中的小孔洞就像切达奶酪般，具有视觉上的效果。可作为轻食或下酒小点。

1 基本材料A中添加色拉油25g、热水29g、现榨柠檬汁5g。另外准备25g奶酪粉（市售）、黑胡椒粒，其他的准备都相同，时间点也相同。

2 直至制作方法7都相同，将步骤8的蛋白霜，混拌10次左右，加入奶酪粉（a），再混拌15次左右。

3 倒入模具中撒上研磨黑胡椒粉（约转动研磨30次，依个人喜好添加）。插入橡胶刮刀，使黑胡椒粉略拌入其中（b），放入烤箱中，同样烘烤，冷却。

青柠生芝士蛋糕

要点

- 用提高温度软化后的奶油奶酪制作
- 青柠果冻恰好能凝固的浓度，配合芝士蛋糕入口即化

🥧 6 小时至次日	🍴 2 天	📦 △	◑ 28%

📦 加入果冻前芝士蛋糕可冷冻保存

青柠生芝士蛋糕

酸甜中带着浓郁，搭配软滑慕斯的芝士蛋糕。奶酪面糊中添加了大量清新爽口的柠檬风味，再层叠上青柠果冻而非酱汁，馨香的酥粒基底更具提味效果。必须连续完成每个制作阶段，成品绝对让你大呼值得。

材料

环形模具1个

（直径15cm×高4cm）

酥粒

低筋面粉…33g

杏仁粉…33g

细砂糖(细粒)…24g

发酵黄油(无盐)…25g

奶酪面糊

奶油奶酪(Kiri)…110g

细砂糖(细粒)…45g

蛋黄…10g

酸奶油…37g

现榨青柠汁…45g

明胶片…略少于5g

青柠皮…约1/6个

淡奶油…130g

青柠果冻

细砂糖…70g

水…70g

明胶片…4g

现榨青柠汁…30g

青柠皮…约1/4个

※使用1～2个青柠果冻。

准备

酥粒

• 将黄油切成8～10mm的块状，放入冰箱冷藏室充分冷却。

• 烤箱预热。

奶酪面糊

• 在料理台铺上比环形模具稍大些的烤盘纸，在上面放环形模具。

• 环形模具的内侧铺入较环形模具高的食品级OPP胶片。准备约宽4.5cm、长24～25cm的细长OPP胶片2片。

• 奶油奶酪切成均等的厚度，用保鲜膜包覆，使其温度达到25～30℃（参照p.77）。

• 使酸奶油温度达到20～22℃。

• 将明胶片浸泡水中，在冰箱冷藏室中冷却20分钟以上还原。

• 鲜奶油放在冰箱冷藏室备用。

• 煮沸隔水加热用的热水备用。

青柠果冻

• 将明胶片浸泡水中，置冰箱冷藏室中冷却20分钟以上还原。

>烤箱

酥粒：

以190℃预热、170℃烘焙

步骤

```
┌─────────────────────┐
│        酥粒          │
│  铺在模具中烘烤，冷却  │
└─────────────────────┘
          ↓
┌─────────────────────┐
│      奶酪面糊         │
│  制作，倒入模具，冷却   │
│   凝固5小时以上       │
└─────────────────────┘
          ↓
┌─────────────────────┐
│      青柠果冻         │
│ 冷却后使其浓稠，倒入表层 │
│   冷却凝固6小时以上    │
└─────────────────────┘
```

1 烘烤酥粒。在料理盆里放入酥粒的材料，用指尖将一半黄油搓散，再重复搓散另一半黄油，用指尖搓散使其成为粉状。将粉油块捏成小块状，再逐次少量地撕成大小不同的酥粒。

2 撒入环形模具，避免形成间隙，轻轻按压使其平整。放入烤箱烘焙15分钟，趁热将环形模具脱模，置于钢架上冷却。

3 在环形模具上覆盖保鲜膜，用橡皮筋固定使其紧绷，倒扣翻面后置于方形浅盘上，环形模具内侧贴上食品级OPP胶片，重新将酥粒铺于底部。

※注意避免酥粒破裂。
※贴上食品级OPP胶片是为了避免青柠果冻的酸性物质腐蚀模具的金属材质。

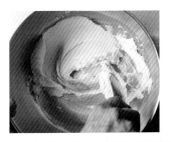

4 制作奶酪面糊。将奶油奶酪放入料理盆中，加入细砂糖，用橡胶刮刀搅拌均匀后，充分混拌至顺滑为止。

5 添加蛋黄，用打蛋器混拌。接着加入酸奶油，混拌至顺滑状。

※参照p.7。

6 现榨青柠汁分2～3次加入，每次加入后都同样地混拌至顺滑状。

7 把明胶片的水分沥干放入料理盆里,覆盖保鲜膜。隔水加热使其熔化,停止加热。

※松松地覆盖保鲜膜,此以略高的温度(40℃以上)进行就是诀窍。

8 取步骤6的奶酪面糊的1/5分量加入泡好的明胶片中,用打蛋器混拌。通过滤网过滤放回奶酪面糊料理盆中,同样搅拌均匀。

※料理盆用橡胶刮刀刮干净,滤网底部也要刮除干净。

9 刨下青柠皮碎加入,轻轻混合拌匀。

10 在另一个料理盆中放入淡奶油,垫放冰水,同时用手持电动打蛋器搅打至八分发。

11 加入步骤9的奶酪面糊中,用打蛋器均匀地混拌。

※诀窍就是温度保持在18℃左右。温度过高时,可以短时间垫放冰水降温。

12 倒入步骤3的模具中,用刮板刮平表面。在冰箱冷藏室冷却凝固5小时以上。

3 制作青柠果冻。在小锅里放入细砂糖及配方用水，边混拌边加热至50℃以上，细砂糖熔化后关火，加入沥干水分的明胶片，使其溶化。

14 转移到料理盆里，加入现榨青柠汁混拌。垫放冰水待降温后，刨下青柠皮碎加入，混拌。

15 不时地混拌使其冷却，待产生稠度后，倒在步骤12的奶酪面糊上，在冰箱冷藏室冷却凝固6小时以上。

※果冻确实产生稠度后再倒入。
※不需要覆盖保鲜膜。

16 待凝固后，脱下保鲜膜、环形模具、食品级OPP胶片，盛盘。

※将与环形模具相同大小的料理盆倒置在料理台上，放上撕去底部保鲜膜的芝士蛋糕，将环形模具轻轻向下拉动脱模。

奶酪芭芭露亚

要点

‣ 以小火缓缓加热英式蛋奶酱

‣ 用略多的鲜奶油打发至软滑浓稠状

添加英式蛋奶酱并加入明胶片冷却凝固，是一款令人怀念的生芝士蛋糕。话虽如此，蓬松柔软中带着奶香，可以说是全新口感。柔软的奶油奶酪中混入英式蛋奶酱，配上搅打至七八分的打发鲜奶油，虽然需要多花一点时间，但温度管理上并不困难。最后放上草莓和香脆酥粒，再浇淋上覆盆子酱汁。

材料

环形模具1个

（直径15cm×高4cm）

- 奶油奶酪（Kiri）…170g
- 细砂糖（细粒）…20g

英式蛋奶酱

- 牛奶…70g
- 细砂糖（细粒）…20g
- 香草荚…2cm
- 蛋黄…27g
- 细砂糖（细粒）…20g

明胶片…4g

现榨柠檬汁…6g

淡奶油…200g

酥粒

发酵黄油（无盐）…7g

低筋面粉…10g

杏仁粉…10g

细砂糖（细粒）…7g

盐…少许

草莓…适量

覆盆子酱汁（参照p.61）…适量

薄荷叶（如果有的话）…适量

准备

酥粒

- 烤盘上铺放烤盘纸。
- 将黄油切成8～10mm的块状，放置于冰箱冷藏室充分冷却。
- 预热烤箱。

奶酪面糊

- 在环形模具上覆盖保鲜膜，使其紧绷地用橡皮筋固定。倒扣翻面后置于方形浅烤盘上，环形模具内侧面贴上食品级OPP胶片（准备宽4cm、长24～25cm的细长条2片）。
- 奶油奶酪切成均等厚度，用保鲜膜包覆，使其温度达到30℃（参照p.77）。
- 英式蛋奶酱用的香草荚，纵向对半分切，刮出籽。
- 将明胶片浸泡水中，在冰箱中冷却20分钟以上还原。
- 淡奶油放在冰箱冷藏室里备用。

> 烤箱

酥粒：

以180℃预热、160℃烘焙

6小时至次日 　 2天 　 △ 　 32%

在摆放搭配食材前的奶酪芭芭露亚，可以冷冻保存

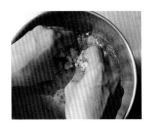

1 烘烤酥粒。在料理盆中放入酥粒的材料，用指尖将一半的黄油搓散，再重复搓散另一半。用指尖搓散使其成为粉状。

2 将粉油块捏成小块后，再逐次少量地撕成5～10mm的大小，避免层叠地排列放到铺有烤盘纸的烤盘上。放入烤箱中烘烤约10分钟，烘焙至呈现出淡淡的烤色。

※若非立即使用，请放入密封容器内，冷藏保存，以免受潮。

3 煮英式蛋奶酱。在小锅中放入牛奶、细砂糖和香草籽，用打蛋器混拌并以中火加热。同时将蛋黄、细砂糖放入料理盆中，用打蛋器摩擦般混拌至颜色发白。待牛奶加热至沸腾后，缓缓倒入充分混拌。

4 将步骤3的材料倒回原锅里，用小火加热。由锅底不断地用橡胶刮刀混拌，缓慢加热至浓稠状2～3分钟。

※用小火缓慢加热，就能煮出浓稠而不烧焦的奶酪酱。

5 加入沥干水分的明胶片，用橡胶刮刀混拌至溶解，用滤网过滤移至料理盆中。

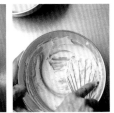

6 在另一个料理盆里放入奶油奶酪，加入细砂糖，用橡胶刮刀混拌至溶化，充分搅拌。再改用打蛋器混拌至顺滑。

※参照p.7。

7 将步骤5的英式蛋奶酱冷却至约36℃，分2次加入奶酪面糊中，每次加入时都用打蛋器充分混拌，之后加入现榨柠檬汁混合。

※加入柠檬汁后会略微结块，所以必须充分搅拌。

8 在另一个料理盆里放入淡奶油，边垫冰水边用手持电动打蛋器在高速模式下将淡奶油打至七八分发。拉起搅拌棒时略有粘连而后扑通地掉落，就可以加入7的料理盆中，用打蛋器混拌。打蛋器握着呈倾斜状由中心向外混拌，一边转动料理盆一边混拌全部，最后以橡胶刮刀由底部翻起混拌至均匀。

9 倒入模具中，用抹刀抹平表面。放在冰箱冷藏室冷却凝固6小时以上。

10 凝固后，撕下底部保鲜膜、脱去环形模具和食品级OPP胶片后盛盘，装饰上草莓和薄荷叶，浇淋上覆盆子酱汁，并撒上酥粒。

覆盆子酱汁的制作方法

杏桃果酱10g和完成过筛的糖粉6g，用橡胶刮刀摩擦般搅拌，分2次加入覆盆子果泥30g，每次加入都充分搅拌均匀。

※与"覆盆子NY芝士蛋糕（p.17）"相同。

※可以在冰箱冷藏室保存约1周。

奶油奶酪的意式奶酪

要点

- 用牛奶将柔软的奶油奶酪变得更加松软
- 使其成为恰好能凝固的浓度

用奶油奶酪制作出令人惊讶，果冻般Q弹的口感。入口之后，却又软滑即化，以明胶凝固鲜奶油制作意大利奶酪为灵感，简单就能完成正是它具有魅力的地方。搭配的是超受欢迎的蜂蜜柠檬香草酱汁，奶香醇浓最能衬托出风味。

材料

容量70mL的玻璃杯

（4～5个）

奶油奶酪(Kiri)…70g

细砂糖…20g

牛奶…125g

明胶片…3g

淡奶油

(乳脂肪含量36%～45%)…120g

蜂蜜柠檬香草酱汁

蜂蜜…1.5大匙(约30g)

现榨柠檬汁…15g (1大匙)

柠檬皮(刨碎)…1/8个量

香草荚…2～3cm长1根

※1g明胶的差异就能改变口感，因此必须更仔细称量。因各家商品不同，凝固程度也会有所差异，在此使用的是"Ewald Gelatin Silver"。一般的"Maruha Gelati leaf"则需使用2.5g。相较于粉状明胶，片状明胶的口感会更好。

※鲜奶油的乳脂肪含量越低，越容易感觉到奶酪的味道，可视个人喜好选用。但建议使用36%以上的。

※酱汁的蜂蜜最推荐薰衣草蜜。

准备

• 奶油奶酪切成均等的厚度，用保鲜膜包覆，使其温度达到30℃（参照p.77）。

• 将明胶片浸泡水中，放入冰箱冷藏室中浸泡20分钟以上还原。

• 淡奶油放在冰箱冷藏室备用。

• 香草荚纵向对半分切，刮出籽。

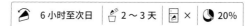

🍰 6小时至次日　🥤2～3天　❌　🥧20%

1 把奶油奶酪放入料理盆里，加入细砂糖，用橡胶刮刀搅拌使其融合。

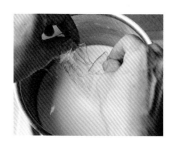

2 将牛奶放入小锅中加热，煮至沸腾后关火。加入沥干水分的明胶片使其溶化。

3 将少量的步骤2的牛奶加入步骤1的料理盆中，用打蛋器充分混拌后，加入剩余的牛奶，混拌均匀。

4 加入淡奶油，轻轻搅拌，避免打发。使用滤网过滤，倒入另一个料理盆中。

5 垫放冰水里，不时地混拌使其冷却，待出现浓稠状时倒入玻璃杯中，在冰箱冷藏室里冷却凝固6小时以上。

 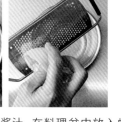

6 制作蜂蜜柠檬香草酱汁。在料理盆中放入蜂蜜和现榨柠檬汁，用打蛋器充分混拌。加入香草籽和柠檬皮碎，充分搅拌均匀。食用的时候分别倒入步骤5中。

※若酱汁的酸味或甜味过浓，可以用少许水稀释。

奶酪奶油酱

当天 | 约1周 | ✕ | 38%

奶油奶酪和黄油均匀混合后，就是一款能搭配水果或烧果子（烘烤糕点）、松饼的万用奶酪奶油酱了。不添加柠檬等，但会产生奶酪和发酵黄油隐约的酸味及奶香。请将黄油充分打发后，加入奶油奶酪再继续打发，就能完成松软绵柔的口感。在此介绍使用这款奶酪奶油酱的4种糕点。

材料
（方便制作的分量）
奶油奶酪（Kiri）…75g
- 发酵黄油（无盐）…100g
- 糖粉…20g
- 香草油…1/4小匙

准备
- 奶油奶酪切成均等的厚度，用保鲜膜包覆，使其温度达到30℃（参照p.77）。
- 黄油切成均等的厚度，用保鲜膜包覆，使其温度达到22℃（参照p.77）。
- 过筛糖粉。

1 | 在料理盆里放入黄油和糖粉，以橡胶刮刀拌至融合，再加入香草油，也混拌至融合。

2 | 用手持电动打蛋器的高速模式打发2分钟（a）。
※ 在打发过程中，用橡胶刮刀刮落料理盆内侧的黄油，使其能均匀地打发。

3 | 用橡胶刮刀整合料理盆中的黄油后，加入奶油奶酪（b），用手持电动打蛋器高速模式打发约1分钟30秒，使其成为柔软绵柔的奶油霜（c）。
※ 当奶油酱饱含空气时会容易氧化，因此保存时需密封置于冷藏室，并尽早食用完毕，于常温中软化后食用。

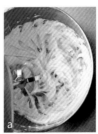
a

b

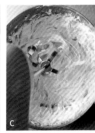
c

水果三明治

当天 | 1天 | ×

非常适合水果酸甜风味的奶酪奶油酱，与水果三明治绝配，只要有奶酪奶油酱就能轻松完成。滋味非常棒，除了面包卷之外，布里欧、热狗面包以及三明治吐司也都很推荐使用。

在面包卷纵向划入切纹，挤入大量的奶酪奶油酱（也可以涂抹）、放上蓝莓、切成一口大小的葡萄和柳橙果肉。

※也可以在三明治专用的薄切吐司上抹大量奶酪奶油酱，摆放上自己喜欢并分切好的水果。

葡萄干奶油奶酪夹心

🍞 当天 ｜ 🧊 3日 ｜ 🧊 ✕

带着隐约香气的绝妙奶酪风味，非常适合搭配葡萄干，用香酥轻盈又脆口的甜酥饼干包夹。面团做法与"奶酪小塔（p.44）"做法相同，也可以用在冷冻室的剩余面团制作。

1 和"奶酪小塔"(p.44)的塔皮面团制作方法相同。擀成3mm厚（a），用菊花形、圆形、长方形等模具按压（b），刺出孔洞。放入170℃的烤箱（以190℃预热）烘烤15～18分钟，待两面烤至金黄色泽时，取出放凉。

※以p.44的塔皮面团分量，直径5cm的菊花形压模可压出30片（15组）。

2 葡萄干用温水浸泡软，用厨房用纸去除水分。

※也可以用温水浸泡干燥无花果，或切成7mm方块的新鲜凤梨，取代葡萄干。

3 2片1组，在单片挤上奶酪奶油酱（也可以用汤匙舀入并推平），放上葡萄干，挤入奶酪奶油酱，最后盖上另一片饼干，轻压奶酪奶油酱并夹好（c）。

※奶酪奶油酱每组以6～8g为参考标准。

※挤奶酪奶油酱的诀窍是每块饼干的外围略留空间，以避免溢出。

※装入食品专用的OPP袋内，放入密封容器中，避免受潮。

a b c

奶酪奶油布雪

奶酪奶油卷

奶酪奶油布雪

仅用鸡蛋、粉类、砂糖制作的松软布雪。在此添加了糖煮橙皮，若没有糖煮橙皮，加入其他的水果干或柠檬皮碎也可以。当天蓬松柔软，第二天润泽可口，两种都很美味。

材料

（直径约8cm　4个）

奶酪奶油酱（p.65）…80g

海绵蛋糕面糊

┌ 蛋黄…36g
├ 细砂糖…24g
└ 香草酱…1/8小匙

┌ 蛋白…68g
└ 细砂糖…30g

低筋面粉…50g

糖粉、高筋面粉…各适量

糖煮橙皮（市售）……约30g

※柠檬皮碎半干燥无花果、浸泡后的葡萄干、糖煮杏桃、红茶蜜李皆可（p.33）。

准备

• 预备8张裁切成直径8cm的圆形糕点专用白纸，留有间距地排放在铺有烤盘纸的烤盘上。

• 将直径1.5cm的圆形裱花嘴装在裱花袋上。

• 使蛋黄温度达到20～22℃。

• 蛋白置于冰箱冷藏室备用。

• 过筛低筋面粉。

• 预热烤箱。

>烤箱

以200℃预热、180℃烘焙

1 制作海绵蛋糕面糊。将细砂糖24g和香草酱加入蛋黄中，用手持电动打蛋器高速打发1分30秒至2分钟。

※在步骤2进行之前，必须将搅拌棒清洗干净，擦干水分后再使用。

2 蛋白放入料理盆中，首先加入30g细砂糖分量的1/5，用手持电动打蛋器高速打发2分钟。大动作转动手持电动打蛋器的机体，使搅拌棒沿着料理盆进行打发。当料理盆内的蛋白边缘开始变干时，立刻加入细砂糖剩余量的1/2，再打发1分钟，加入最后剩余的细砂糖，再继续打发1分钟。制作出尖角直立的蛋白。

3 将步骤1的蛋黄加入步骤2，以橡胶刮刀使用Mitten法混拌蛋白霜（请参照p.42），混拌20～25次。边混拌边再次过筛低筋面粉至料理盆中，再次用Mitten法混拌蛋白霜，混拌约50次。

4 将面糊放入裱花袋内，在圆形纸张上绞挤成具有高度的圆形。绞挤时在纸张周围留下空白距离。

※绞挤前在每张圆形纸张背面沾上少许面糊固定，纸张不容易晃动更容易操作。

5 使用茶叶滤网依序过筛糖粉、高筋面粉。用抹刀（或小刀）在表面划出2道约5mm深的平行线条，放入烤箱，约烘烤9分钟。约膨胀至最大，正开始要沉陷时，划出的线条和内侧全体都呈现淡淡的烤色即可。

※避免过度烘烤成深色。

6 去掉表面多余的粉类，连同纸张一起在网架上完全冷却。撕下纸张2个1组，在单片的底部留下周围空间再挤上奶酪奶油酱（或用汤匙舀入推展开），撒上切成5mm的糖煮橙皮，在上方挤奶酪奶油酱包夹。按压全部，使奶酪奶油酱能扩展至边缘。

※当天没有吃完，可放入食品用OPP袋内保存，享用时蛋糕体会呈现润泽口感。

奶酪奶油卷

浓郁中隐约带着咸度的奶酪奶油酱，非常适合搭配鸡蛋风味十足的蛋糕体，较一般的海绵蛋糕更具柔软弹性、口感润泽。与其用叉子压扁蛋糕，更希望大家能轻巧地用手拿着享用。若在冷藏室过度冷却，建议取出在室温中稍稍放置，使奶油回温变软后再吃。变得柔软的奶酪奶油酱，更可以品尝出奶酪的香气。

材料

方形烤盘或蛋糕卷模具1个
（边长27cm）

奶酪奶油酱(p.65)…120g

蛋糕卷面糊

鸡蛋…190g

 细砂糖…90g
 牛奶…35g

香草荚…4cm

低筋面粉…70g

糖浆

 细砂糖…5g
 水…15g

樱桃酒…2g

准备

- 烤盘或模具中铺放糕点专用白纸，周围多出1cm高度，四角裁剪切口后铺入。
- 层叠2个烤盘或模具，放置在烤箱的网架上。按照同样尺寸层叠，使面糊的底部和侧面不呈现烤色，并且能烤出润泽柔软的蛋糕体。若烤箱内没有网架，可摆放1个烤盘或将模具倒扣放入。
- 将香草荚纵向对半切，刮出籽，连同牛奶放入料理盆中，充分混拌，备用。
- 过筛低筋面粉。
- 制作糖浆备用。在小锅中放入细砂糖和水煮至沸腾，离火冷却，加入樱桃酒。
- 煮沸隔水加热用的热水备用。
- 预热烤箱。
- 为使奶油酱能涂抹推展，预备L形抹刀(或抹刀)。

>烤箱
以200℃预热、180℃烘焙

1 把鸡蛋液放入料理盆中搅散，加入细砂糖混拌，隔水加热，边用手持电动打蛋器低速混拌边温热至43~45℃。

2 停止隔水加热，用手持电动打蛋器的高速模式打发约5分钟。大动作转动手持电动打蛋器的机体进行打发。打发至提起搅拌棒时，蛋糊会粘在搅拌棒上，沉重地掉落时会留下痕迹的程度。

3

此时，隔水加热，添加香草籽的牛奶温热至50℃以上。同时用低速打发步骤2的蛋糊，消除大气泡，使全体增加细小气泡，整合蛋糊质地。手持电动打蛋器固定在身体的正前方，低速打发20秒后转动料理盆，以改变打发的位置，重复2~3分钟，大约打发整合一圈半。

4 边再次过筛低筋面粉边加入步骤3的料理盆中，用Mitten法进行混拌。左手拿好料理盆固定在9点钟方向（惯用手为右手时）。右手的橡胶刮刀由料理盆3点钟方向放入，保持边缘曲线有一点接触到料理盆底部，再回到9点钟方向。放平刮刀，由料理盆侧面充分沿着边翻起时，左手将料理盆位置转至7点钟方向。立即将刮刀朝上回到3点钟方向（不翻面），重复相同的动作（因转动料理盆，面糊随之转动，橡胶刮刀插入位置也会与之前不同）。不停地迅速进行35~40次，重复至看不见白色面粉为止。

5 加入温热的牛奶。橡胶刮刀从9点钟方向动作至3点钟方向不立刻返回，从9点钟方向到10点半方向沿着料理盆斜向移动。同时用左手转动料理盆。橡胶刮刀回到3点钟方向的时候，在2点钟方向返回。速度放慢，混拌40～50次。

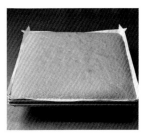

6 倒入模具中，用刮板推平表面。抬起整个模具向下摔落在料理台上，排除多余的空气。

※刮板沿着身体前方模具的边缘，由左向右移动摊平表面。改变模具的方向，按照相同步骤让四边表面平整。

7 下方叠上另一个烤盘，烘烤16～17分钟。烘烤至略有膨胀、表面烤色均匀的状态，从烤箱里取出来脱模。放在网架上覆盖干燥的布巾使其冷却。

8 撕下侧面的纸张，把蛋糕体翻面至另一张纸上，撕下底部的烤盘纸。若发现有粉类结块，用竹签剔除。用撕下的烤盘纸覆盖后翻面，用毛刷涂抹糖浆。

9 把奶酪奶油酱放入料理盆中，用橡胶刮刀搅拌至均匀柔软后，一条直线地舀在蛋糕正中央。用抹刀朝外侧推展3～4次，朝自己的方向推展3～4次，轻抹般地推展涂抹。靠近自己的方向略厚一点。

10 从靠近自己一侧，距离蛋糕体边缘约5cm处提起，连同纸张提起5～6cm，使其向内弯折，轻轻按压。向上提起时，用抹刀将侧面溢出的奶酪奶油酱均匀推平。

11 按照卷寿司的要领，连同纸张一起提起蛋糕体，朝向外侧轻轻按压并卷起，卷至最后，蛋糕体边缘朝正下方放入冰箱冷藏室，放置10分钟以上使其定型。切掉两端后再分切成块。

主要材料

在此将各种由多年经验与测试后所得到的奶酪风味、香气、烘托出的口感等微妙配方，一并传授，使用的材料十分简单，请选择优质的商品吧。

奶油奶酪

图片由左侧起：Kiri（Bel Japon）＝酸味、咸味与奶香味均衡呈现。卡夫（森永乳业）＝酸味、咸味以及风味很好地保留下来。Luxe（北海道乳业）＝酸味、咸味柔和，较柔软。

发酵黄油

不使用食盐，使用乳酸发酵黄油。香气丰富，具有烘托其他食材风味的效果。完成时能让糕点味道更加浓郁。

酸奶油

添加酸味、更添风味的深度，也能使芝士蛋糕口感更浓郁。不要使用沥干水分的酸奶替代，即使仅添加少量，也请务必一试酸奶油。

淡奶油

基本乳脂肪含量为45%。只有奶油奶酪的意式奶酪使用36%的低乳脂肪含量也没有关系，可依个人喜好选择。但请避免使用植物性商品，只用含乳脂肪的商品。

细砂糖（细粒）

使用颗粒较细，易于溶化的商品。细粒、微粒等都是以糕点制作材料来销售的。若是一般粒状，请先用食物料理机打细后使用。

低筋面粉

本书中使用的都是紫罗兰（日清制粉）牌的。

香草荚、香草酱、香草油

与奶油奶酪非常相配的香气，无论使用哪一种都可以，但建议使用的种类写在材料表中。具有中和蛋糕中咸味的作用，香草精一旦加热，香气就容易挥发，因此不推荐使用。

柠檬、青柠

与香草荚相同，是非常适合搭配奶油奶酪的香味的。不使用市售的果汁，请使用现榨果汁。常会将表皮刮下使用，因此请选用无蜡、无农药的果实。挤出的果汁，用夹链袋轻轻推平；剩余刮下的表皮碎冷冻备用，会非常方便。

鸡蛋

若标示的使用分量是个数，可能会因每个的分量不一，导致品质的不稳定，因此用g来标记。标示为"鸡蛋"时，使用的是M尺寸，以全蛋计算，使用较多蛋黄时，会个别标记蛋黄、蛋白的分量，个别称量后使用。

保存与处理方法的诀窍

奶油奶酪与黄油的准备

称量、切成均匀厚度（2cm厚），避免温度（硬度）不均等状况。用保鲜膜紧密贴合地包覆，使其达到配方中所需的温度，再开始制作使其达到 16～18℃（由冰箱冷藏室取出稍微放置后，仍略带冰凉的程度）和30℃左右（用手指可轻易按压的程度。用微波稍稍加热）。用保鲜膜包覆，不会因奶酪表面干燥而形成坚硬的部分，因此不需要再次过滤。此外，微波加热不均匀时，在混拌后也不会造成影响。

粘在打蛋器上的部分也要完整刮下来

混拌完成后，打蛋器在料理盆上敲打，以使面糊落下，用指尖拭净粘在网圈上的面糊，放回料理盆中。

干净地刮除粘在保鲜膜上的奶油奶酪

即使是数克的差异，也可能造成口感的不同，因此粘在保鲜膜上的奶油奶酪或黄油，也要干净地刮落加入材料中。保鲜膜摊平在料理台上，将橡胶刮刀紧密贴合地横向刮起，由自己的方向朝外侧刮2～3次，最后残留在边缘的材料，再由下而上纵向刮起来移至料理盆中。

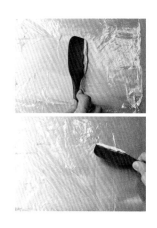

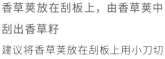

香草荚放在刮板上，由香草荚中刮出香草籽

建议将香草荚放在刮板上用小刀切开，刮出籽。因刮板的表面平滑，可以直接移动，移至料理盆上用小刀刮落至料理盆中，既不浪费又轻松。

主要工具

提升操作效率，减少失败的诀窍，挑选工具也是其中之一。料理盆选用适合分量的大小，也能让打蛋器或橡胶刮刀容易沿着边缘进行搅拌或打发。打蛋器或橡胶刮刀，建议挑选有硬度又具有柔软性的。

料理盆

使用直径21cm、18cm的2种料理盆（p.38舒芙蕾芝士蛋糕中使用直径24cm的料理盆）。尺寸更小的方便测量称重，请选择搅拌器能充分沿着料理盆底部及侧面的形状。料理盆的底部及开口部分，就是针对搅拌器或橡胶刮刀能有效混拌，且高度及重量也方便用情况下所设计的。

打蛋器

应该选用一旦施以压力时，钢圈会略被按压般坚韧的商品。过于柔软或是过于坚硬，会在料理盆间形成间隙，无法有效地进行混拌。建议使用长度28cm的打蛋器。

茶叶滤网、滤网

过筛低筋面粉或糖粉时使用，可以防止结块，也可以过滤混合好材料的奶酪面糊，还可用于使成品更加顺滑时。

橡胶刮刀

除了混拌之外，还可用于刮落，移动材料，将材料刮入料理盆等，从操作开始至最后都是不可或缺的工具。橡胶制品又具耐热性，建议选用一体成形的，较容易保持清洁。书中使用的是既具贴性且有柔软度，同时又带有硬度的商品。

刮板

于舀起面糊、整平表面，确实填充至模具中，压平塔皮面团等步骤时使用。建议选用具有适当硬度的商品。本书使用的是Matfert公司的商品。

模具

本书主要使用的是，不锈钢制成的直径15cm、高16cm底部无法卸下的圆形模具，以及直径15cm的环形模具。除此之外，还有法式冻派模，马芬塔模。书中也介绍了若有马芬模或菊形压模就能方便制作的糕点。

红外线温度计

测量开始制作的奶油奶酪温度，不仅能调节硬度也能调节温度，提高混合的效率，减少失败。非直接接触的温度计，能有效管理操作过程中的面糊温度、放入烤箱前的面糊温度，以及添加材料等的温度，是让大家能乐于制作糕点的工具。

电子秤

虽然配方细微至克数看起来似乎很麻烦，但若是使用电子秤，则非常简单。相较于容量，或是1个鸡蛋的标示法，更不会有配方上的误差。尽量选择精准度高的电子秤。

手持电动打蛋器

建议使用搅拌棒形状呈直线状的商品，前端细窄的形状在打发工作时效率不佳。书中使用的是松下公司商品。若使用力度强劲的品牌时，请稍稍降低速度进行打发。

刨刀

刨下柠檬或莱姆表皮时使用，可以呈现新鲜的香气。这里使用能磨碎坚硬肉豆蔻的不锈钢商品。

烤盘纸

使用表面经过加工，能轻易从面糊上剥除的类型，可铺放在模具内。

使用方法的诀窍

用橡胶刮刀刮落料理盆中的面糊

橡胶刮刀直线的那一侧抵住料理盆的侧面，从自己的方向逆时针（惯用手为右手时）刮一圈。在制作面糊的过程中，也要不时地刮落材料，使混拌时不至于产生不均匀。混拌完成时，同样刮落一圈倒入模具中。

料理盆的持拿方法

左手支撑在料理盆9点钟（惯用手为右手时）的位置。张开食指与中指，支撑在料理盆外侧，用拇指夹住料理盆内侧，用力向下拿好，无名指和小指则轻轻辅助，就足够支撑右手刮刀或打蛋器了。

关于烤箱和烘焙程度

以高于烘焙温度20℃的温度进行预热。本书中明确标记出预热及完成烘焙的温度，请在最适当的时间开始预热。因机型与烤箱大小、室温、放置场所不同，烘焙程度也会有所不同。虽然会越来越膨胀，但一旦冷却反而会下沉变硬。请务必参考食谱完成烘焙的基准。

烤盘纸的铺放方法（烘烤类）

圆形模具的烤盘纸铺放

预备较模具圆周1/2略长的纸2张，用于侧面，底部剪出切口铺放。侧面纸张略高于模具1cm左右，再铺放底部用圆形纸。

※巴斯克风格芝士蛋糕(p.28)的铺放方法不同。
请参照食谱。

法式冻派模

在四角裁剪出与模具高度相同的切纹，确实妥贴地放入模具中。

Original Japanese title: KANDO NO CHEESECAKE: CREAM CHEESE DE TSUKURU
BAKED TYPE TO RARE TYPE
Copyright © 2022 Rumi Kojima
Original Japanese edition published by
EDUCATIONAL FOUNDATION BUNKA GAKUEN BUNKA PUBLISHING BUREAU
Simplified Chinese translation rights arranged with
EDUCATIONAL FOUNDATION BUNKA GAKUEN BUNKA PUBLISHING BUREAU
through The English Agency (Japan) Ltd. and Shanghai To-Asia Culture Co., Ltd.

©2023，辽宁科学技术出版社。
著作权合同登记号：第 06-2022-154 号。

图书在版编目（CIP）数据

小嶋老师的芝士蛋糕 / (日) 小嶋留味著；榕倍译 . —沈
阳：辽宁科学技术出版社，2023.5
ISBN 978-7-5591-2944-4

Ⅰ . ①小…　Ⅱ . ①小…　②榕…　Ⅲ . ①蛋糕—糕点
加工　Ⅳ . ① TS213.23

中国国家版本馆 CIP 数据核字（2023）第 048381 号

出版发行：辽宁科学技术出版社
　　　　　（地址：沈阳市和平区十一纬路25号　邮编：110003）
印　刷　者：辽宁新华印务有限公司
经　销　者：各地新华书店
幅面尺寸：170mm×240mm
印　张：5
字　　数：100千字
出版时间：2023年5月第1版
印刷时间：2023年5月第1次印刷
责任编辑：康　倩
版式设计：袁　舒
封面设计：朱晓峰
责任校对：闻　洋

书　　号：ISBN 978-7-5591-2944-4
定　　价：38.00元

联系电话：024-23284367
邮购热线：024-23284502
邮　　箱：987642119@qq.com